U0346745

[英] 希瑟·莱昂斯 / 著
[英] 亚历克斯·韦斯盖特 / 绘
杨菁菁 / 译

中信出版集团·北京

目 录

本书的大部分操作都需要孩子们借助网络来进行。家长或老师应该予以监督和引导，并与孩子们讨论如何保障上网安全。

入门指南

嗨，你好！我是数据鸭，请跟我一起了解应用程序（application，简称App）是什么，以及学习如何创建自己的应用程序吧。

开发一款应用程序，我们首先需要了解如何编写代码。我们给计算机下达的指令其实就是编写的代码。这些指令保存在应用程序中，它们会告诉计算机如何去做我们每天使用应用程序去做的各种事。

小贴士

在本书中，我们将使用基于块的代码（代码块），这些代码是存储在块中的计算机指令。我们可以移动并重新排列这些代码块来编写代码。

比如以下这些代码块：

when this character is clicked
（单击该字符时）

ask 'What's your parrot's name?' and wait'
（问“你的鹦鹉叫什么名字？”并等待）

say join (answer) 'What a great name!'
[在用户输入（回答）后显示“好名字！”]

本书中有很多可供你尝试的操作，其中包括一些在线操作。你可以登录www.blueshiftcoding.com/kidsgetcoding，点击本书封面或书名，即可找到对应的练习。

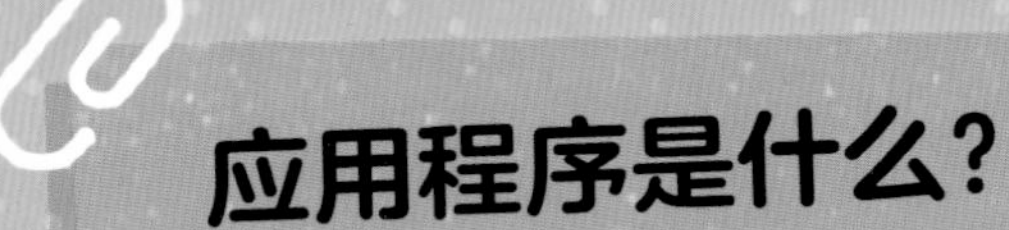

应用程序是什么？

应用程序会告诉你的计算机如何完成某项工作。例如，浏览器是一种为你显示网页的应用程序，而播放音乐和观看视频也有相应的应用程序。

我们可以把应用程序安装在多种类型的计算机（笔记本式计算机、平板电脑等）上，甚至手机和手表上！在本书中，我们将学习如何使用代码编写我们自己的应用程序。

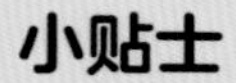

小贴士

计算机就像一个巨大的工具箱，而我们使用的应用程序就是工具。我们可以用某个工具来完成一项特定的工作。所以，在我们的计算机里添加一个新应用程序，就像在我们的工具箱里添置一个新工具！

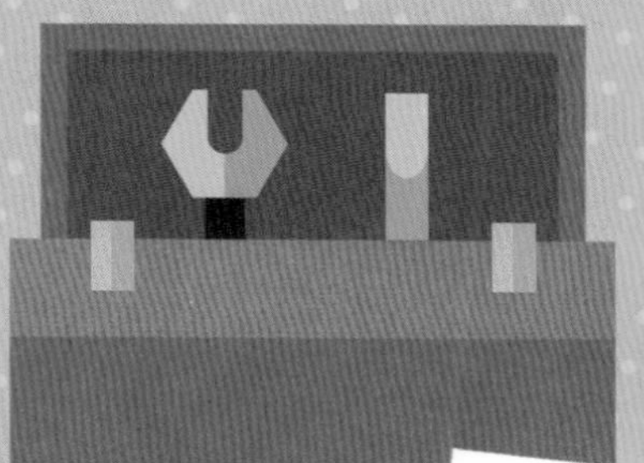

为你最喜欢的应用程序提建议

想想你最喜欢的应用程序，它是用来做什么的？写下三个完善这个应用程序的建议，让它变得更好。

应用程序可以做什么？

从浏览网页到查询足球比赛分数，再到发送电子邮件和听喜欢的音乐，很多事情我们都可以使用应用程序完成！

我们使用不同类型的应用程序来做不同的事情。

我们通过游戏类应用程序来放松。

如果我们想练习乘法口诀或者了解科学知识，我们可以使用教育类应用程序。

为了了解我们周围的世界或者未来天气情况，我们可以使用资讯类应用程序。

借助即时沟通类应用程序，我们可以给朋友发信息，或者发起语音通话。

如果想观看视频或听歌，我们可以使用娱乐类应用程序。

小贴士

一些应用程序让我们的日常生活更便捷，一些则让世界变得更美好和安全。有的应用程序可以帮助人们找到安全的饮用水，有的则可以在紧急情况下帮助人们与警方取得联系。

使用应用程序

数据鸭和妈妈要去博物馆。它们有一部下载了很多应用程序的手机，你能帮它们选择最有用的应用程序吗？

1.查询博物馆开放时间。
2.查询公交时刻表。
3.支付交通费。
4.查询公交站到博物馆的步行线路。
5.拍摄最喜欢的展览给奶奶欣赏。

答案见第21页。

B.相机应用程序：可用它来拍照，并把照片存储在手机里。

A.公交应用程序：告诉你所有公共汽车的运营时刻表。

D.浏览器：浏览网页。

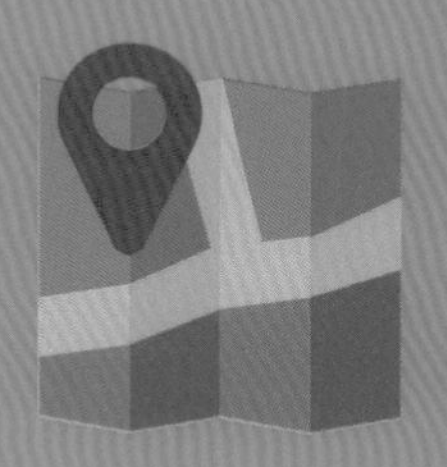

C.地图应用程序：为你显示你所在地区的地图。

E.支付应用程序：你可以用这个应用程序买东西，而不用带现金。

规划应用程序

你准备好开发你的第一个应用程序了吗？在开始之前，我们需要考虑一些基本事项。首先，我们用这个应用程序来做什么；其次，哪些人会用到它。

正如我们所知，应用程序是一种有用的工具，它可以帮助人们做日常需要做的事情。好了，让我们做一款应用程序，来帮助人们学会照顾他们的宠物吧。

这款应用程序可以告诉我们的用户蒂米关于他宠物的很多事情。例如，它可以说出蒂米的宠物喜欢吃什么、喝什么，以及它需要多久去看一次动物医生。

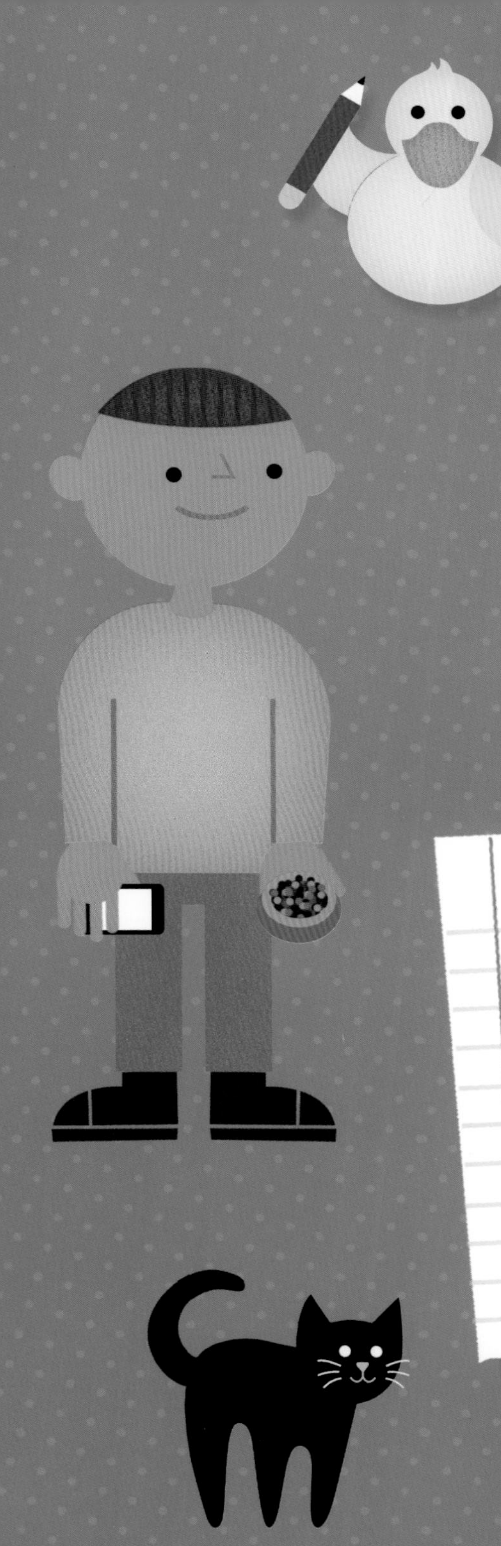

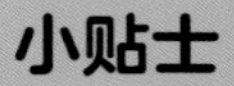

小贴士

在开发应用程序之前，我们需要考虑它应该能做到的每件事情，然后我们就可以使用这些信息来开发我们的应用程序了。

精心筹划

在开发应用程序之前，我们需要考虑每个需求的每个细节。举个例子，蒂米需要应用程序告诉他该如何喂他的猫:

- 什么时候需要喂猫。
- 他的猫需要什么样的食物。

另外，想想看，这款应用程序至少还应该告诉蒂米做哪两件事，才能帮助他顺利地给猫喂食或喂水。

设计应用程序

确定了应用程序的功能之后，我们就可以考虑它的外观了。这就是应用程序的用户界面设计。

我们的应用程序可以告诉蒂米如何照顾他的猫。事实上，要处理的事情太多，我们需要仔细考虑如何对它们进行排序——蒂米需要在正确的时间得到正确的信息。在应用程序中，信息布局可采用分屏显示法。例如，在第一屏上，蒂米可以选择宠物的品种。在第二屏上，他可以看到如何打扮他的猫或者陪猫玩耍。

小贴士

应用程序可以完成的事情叫作“功能”。例如，如何喂猫、打扮它，以及何时将它带到动物医生那里等指令，都是应用程序包含的功能。

外观

知道了应用程序的所有功能，以及哪些功能将设置在哪一屏上，我们就可以开始考虑每一屏的外观了。假设我们应用程序的第一屏是让蒂米选择他养的宠物是什么，并提供对应的照看方法；那么，这一屏会是什么样子呢?

登录www.blueshiftcoding.com/kidsgetcoding，去试试这个应用程序吧！

获取信息，提供最适合的方案

开发应用程序之前，我们要多多收集信息，以使它更贴近现实生活！

例如，我们可以证明照顾宠物会因一年中的时节不同而不同。如果天气真的很热，应用程序会告诉蒂米在炎热的天气该如何照顾他的猫。

小贴士

如果连入网络，我们的应用程序就能确定蒂米和他的猫所在的位置，并搜索他们所在地区的天气预报。

给猫降降温

在炎热的天气下如何照顾自己的猫，这是我们想在应用程序中为蒂米解决的问题。请你将下列步骤正确排序，以使我们的应用程序正常工作并给出正确的指令。

答案见第21页。

显示猫喝水的图片。

显示酷热难耐、疲惫不堪的猫的图片。

收到消息，今天的气温非常高。

显示猫很快乐的图片。

显示水碗的图片。

登录www.blueshiftcoding.com/kidsgetcoding，去试试这个应用程序吧。

奖励办法

让我们假设一下，蒂米确实很好地照顾了他的猫：把它喂养得很好，把它打扮得很酷，也知道什么时候带它去看动物医生。

蒂米在养猫这件事上做得这么好，我们怎样奖励他呢？每次他照顾好他的猫，我们都可以给他积分。他的猫越高兴，他的得分就越高！这会为应用程序增添几分游戏感。

小贴士

用户在应用程序中的得分是变量。变量就像一个个存储了可变信息的盒子。计算机会跟踪记录蒂米的分数，不需要他自己来记！

记录得分

数据鸭已经为我们的应用程序制作了一个评分系统，下面两种情况的打分依据是怎样的？

- 蒂米打扮好了他的猫。
- 蒂米喂完猫并清理了粪便。

答案见第21页。

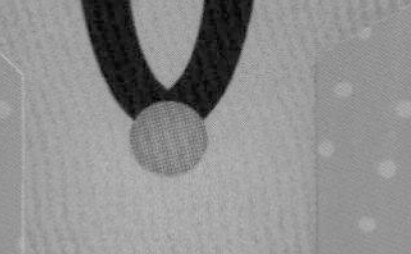

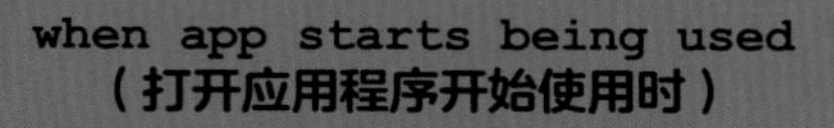

when app starts being used
（打开应用程序开始使用时）

set score to 0
（设置得分为0）

when I receive message 'cat fed'
（当我收到“喂完猫”的消息时）

change score by +5
（加5分）

when I receive message 'cat litter changed'
（当我收到 “清理了粪便” 的信息时）

change score by +2
（加2分）

when I receive 'cat groomed' or 'cat given toy'
（当我收到“给猫装扮好了”或“给猫提供了玩具”的信息时）

change score by +3
（加3分）

寻找漏洞

现在，我们的应用程序已经设计和构建好了！但在更多的人使用它之前，我们需要进行测试，以确保一切功能都能正常运行。

编写完应用程序，我们要对它们进行测试，以确保它们不受漏洞（bug）的影响，这就是所谓的“调试”。漏洞是我们应用程序中的错误或缺陷，会影响应用程序正常工作。

小贴士

程序员总是会留出大量的时间来测试他们的应用程序。有时，修复漏洞所花费的时间比最初开发应用程序的时间还要长。

消灭漏洞

如果天气炎热，应用程序的背景图应该换成沙漠的图片。检查这些代码块并选择正确的那一个。

答案见第21页。

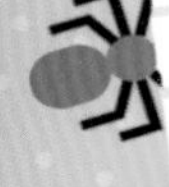

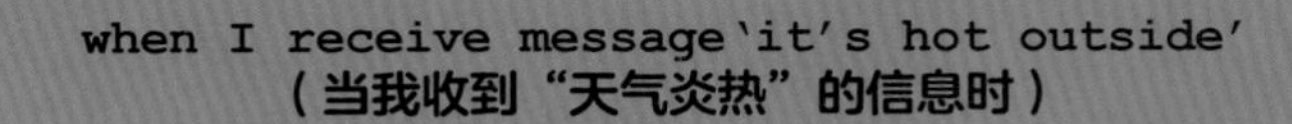

when I receive message'it's hot outside'
（当我收到“天气炎热”的信息时）

switch background to 'desert'
（背景切换到“沙漠”）

when I receive message'it's hot outside'
（当我收到“天气炎热”的信息时）

switch background to 'winter'
（背景切换到“冬天”）

应用程序应该告诉蒂米他的猫有一个很棒的名字！哪个代码块会告诉他，而哪一个什么都没有说？

答案见第21页。

ask 'what's your cat's name?' and wait
（问“你的猫叫什么名字?” 并等待）

say join(answer) 'what a great name!'
[在用户输入（回答）后显示 “好名字!”]

ask 'what's your cat's name?' and wait
（问“你的猫叫什么名字?” 并等待）

say join(answer) '……'
[在用户输入（回答）后显示 “……”]

发布应用程序

我们测试完应用程序并确保它能正常使用，就可以发布了！发布应用程序意味着要把它上传到互联网上，需要的用户可以下载它。但请记住：如果没有成年人的帮助，不要在网上发布任何东西。

应用程序通常以多个版本发布。每个版本都用不同的计算机语言编写，这是因为每一种计算机能理解的语言不同。

例如，手机能理解的语言与笔记本式计算机截然不同。

小贴士

主题标签“#”常被用于提示关键词。例如，“#宠物”意味着“宠物”是一个关键词。关键词用于描述互联网上的视频、游戏和其他许多内容。所以如果有人正在寻找一个关于宠物的应用程序，而我们的应用程序又标记了“#宠物”的话，这个人就可以很容易地找到它了。

打上标签

发布应用程序时，我们必须确保它带有正确的关键词。这样，人们在搜索像我们开发的这种宠物应用程序时，就能很容易地找到它。那么哪些关键词对我们的应用程序有利呢？写下三个你认为有利的吧。

无所不能的应用程序

应用程序可以让世界变得更美好，因为我们可以用它们解决各种各样的问题。现在上网这么方便，我们随时随地可以用应用程序为自己做很多事情。让我们来想一想，可以设计一些什么样的应用程序来帮助人们吧。

一个想法是，编写一个向人们展示如何回收垃圾的应用程序。它可以显示哪些垃圾可以被回收以及如何回收。它还可以提供如何减少浪费、如何修复破损物品或者把它们变废为宝的建议。

另一个想法是，编写一个告诉人们如何在家里节约水和能源的应用程序。它可以告诉人们，关掉电器会节省多少电，或者他们在洗碗时用了多少水。

小贴士

应用程序不需要有很多令人惊奇的功能。一些流行的应用程序的功能是非常基础的。但即使这样，它们也是对人们非常有用的工具。

交给你了！

你想解决什么问题？你能提供什么样的应用程序？写下你的想法。其实，你已经可以开始规划和设计你的应用程序了！

拓展练习

登录www.blueshiftcoding.com/kidsgetcoding，体验更多有趣的游戏和练习：

- 规划应用程序；
- 设计应用程序；
- 学习代码；
- 调试。

词汇表

应用程序	一种计算机程序。
浏览器	用来访问互联网的程序。
漏洞	计算机程序中的错误或缺陷。
代码	由按一定顺序排列的指令组成，能够告诉计算机该做什么。
程序员	从事程序开发、程序维护的专业人员。
调试	查找并消除计算机程序中的错误或缺陷。
功能	应用程序可以执行的任务。
互联网	将众多计算机网络相互连接而形成的大型网络。
变量	可以改变或改写的量。

游戏与练习答案

第5页

1.D(浏览器)

2.A(公交应用程序)

3.E(支付应用程序)

4.C(地图应用程序)

5.B(相机应用程序)

第11页

1.收到消息，今天的气温非常高。

2.显示酷热难耐、疲惫不堪的猫的图片。

3.显示水碗的图片。

4.显示猫喝水的图片。

5.显示猫很快乐的图片。

第13页

如果蒂米打扮好了他的猫，得3分。

如果蒂米喂完猫并清理了粪便，分别得5分和2分。

第15页

下面的代码块将应用程序的背景改为“沙漠”。

```
when I receive message'it's hot outside'
（当我收到“天气炎热”的信息时）
switch background to 'desert'
（背景切换到“沙漠”）
```

下面的代码块意味着这个应用程序会告诉蒂米他的猫有一个很棒的名字:

```
ask 'what's your cat's name?' and wait
（问“你的猫叫什么名字?”并等待）
say join(answer)'what a great name!'
[在用户输入（回答）后显示“好名字!”]
```

图书在版编目（CIP）数据

小创客的第一课：给孩子的编程启蒙书 . 创建自己的应用程序 /（英）希瑟 · 莱昂斯著；（英）亚历克斯 · 韦斯盖特绘；杨菁菁译 . -- 北京：中信出版社，2019.3

书名原文：Kids Get Coding:Develop Helpful Apps

ISBN 978-7-5086-3967-3

Ⅰ . ①小… Ⅱ . ①希… ②亚… ③杨… Ⅲ . ①电子计算机－儿童读物②程序设计－儿童读物 Ⅳ . ① TP3-49 ② TP311.1-49

中国版本图书馆 CIP 数据核字 (2018) 第 267103 号

Kids Get Coding: Develop Helpful Apps
First published in Great Britain in 2016 by Wayland

Author: Heather Lyons
Illustration: Alex Westgate

小创客的第一课：给孩子的编程启蒙书 · 创建自己的应用程序

著　　者：[英] 希瑟 · 莱昂斯
绘　　者：[英] 亚历克斯 · 韦斯盖特
译　　者：杨菁菁
出版发行：中信出版集团股份有限公司
（北京市朝阳区惠新东街甲 4 号富盛大厦 2 座 邮编 100029）
承 印 者：北京尚唐印刷包装有限公司

开　　本：889mm × 1194mm 1/16　　印　　张：1.5　　字　　数：50 千字
版　　次：2019 年 3 月第 1 版　　印　　次：2019 年 3 月第 1 次印刷
京权图字：01–2018–4461　　广告经营许可证：京朝工商广字第 8087 号
书　　号：ISBN 978–7–5086–3967–3
定　　价：28.00 元

服务热线：400–600–8099
投稿邮箱：author@citicpub.com